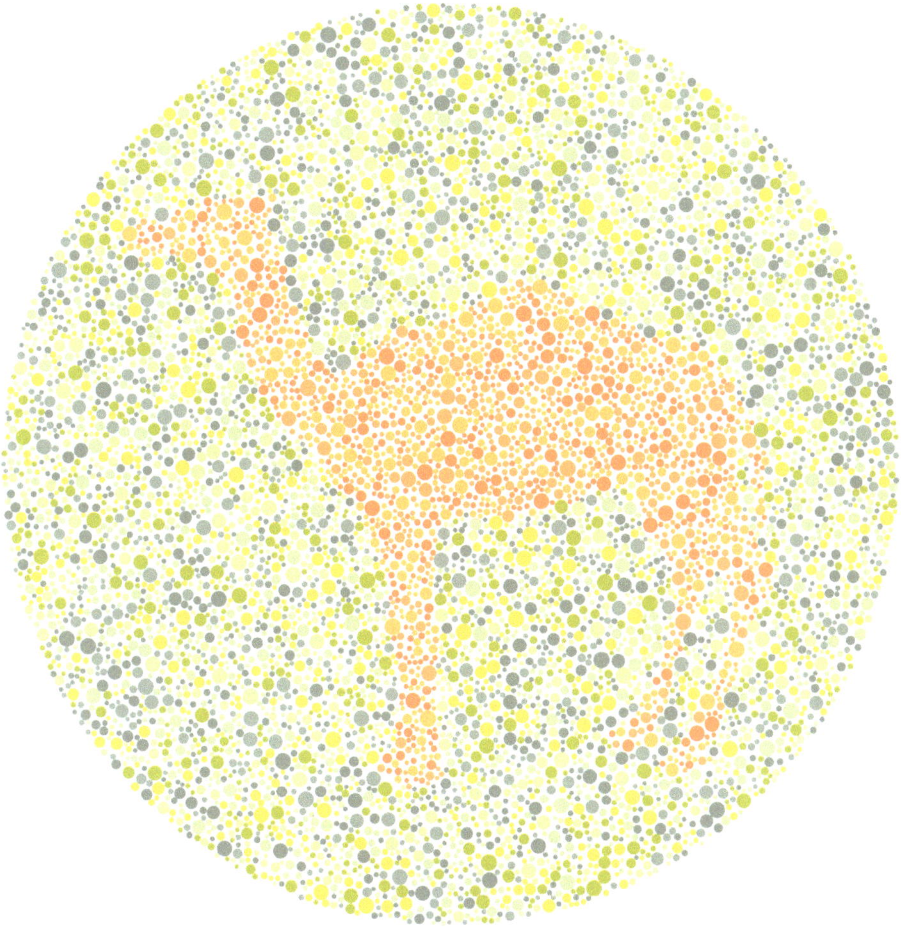

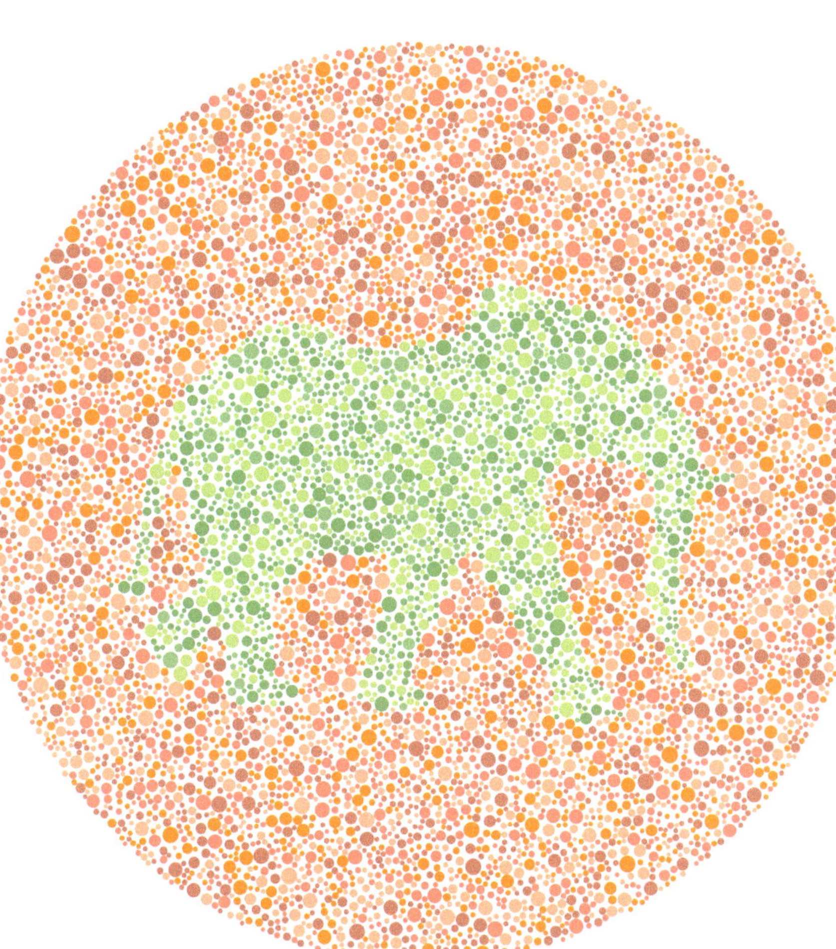

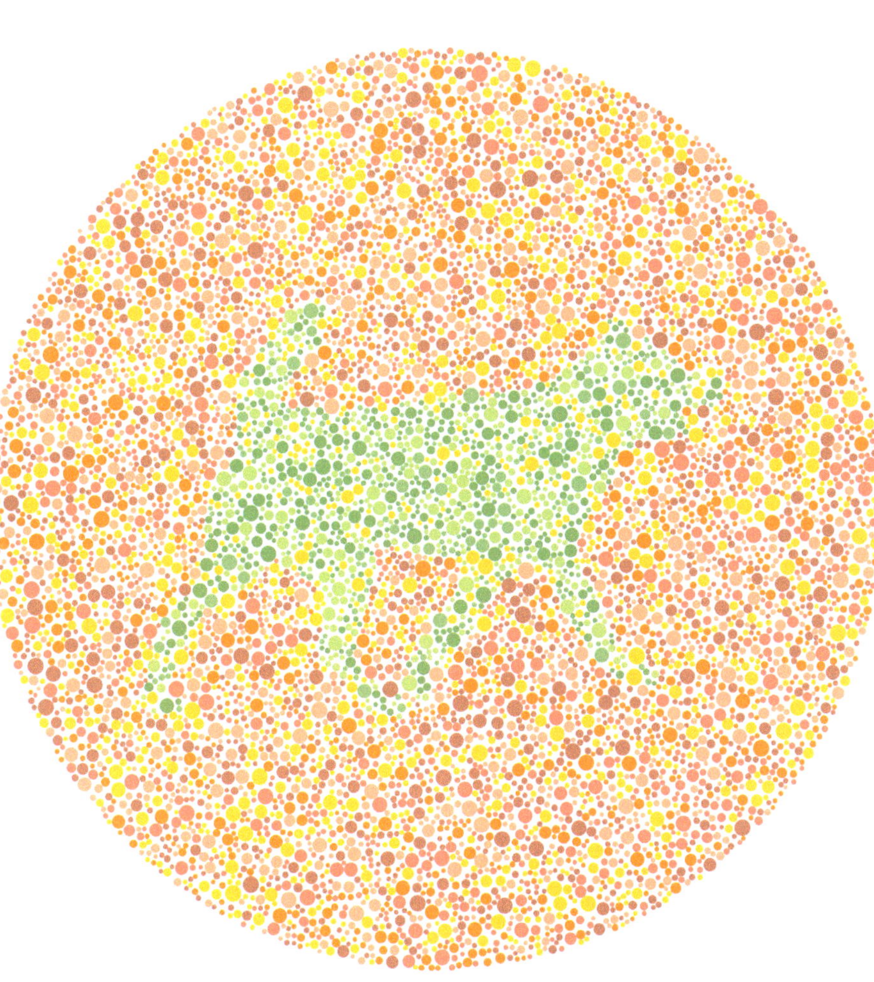

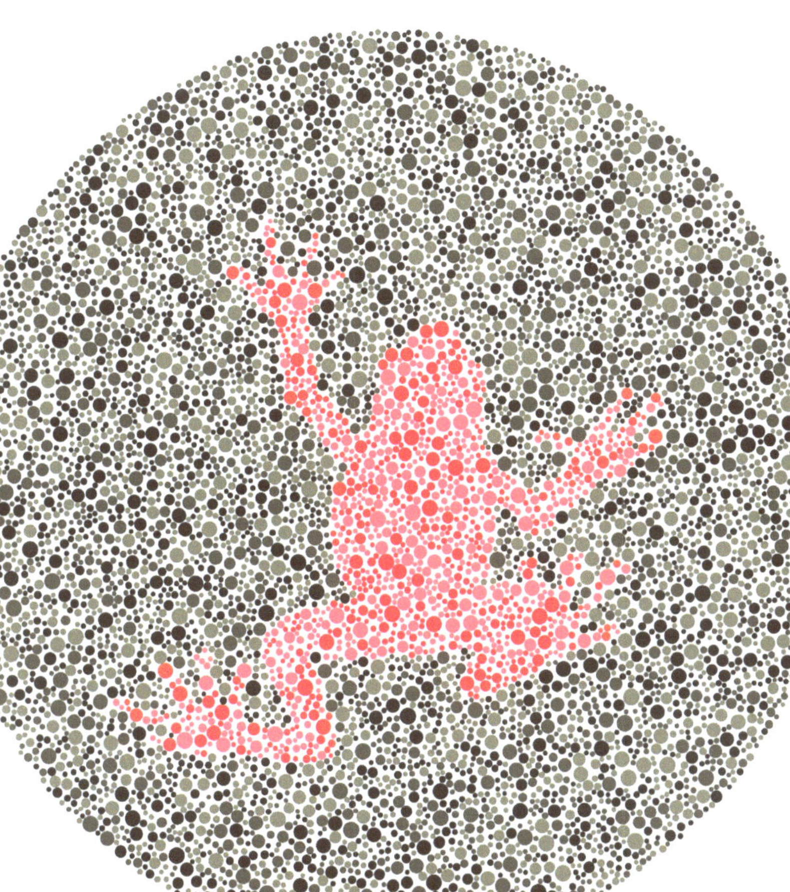

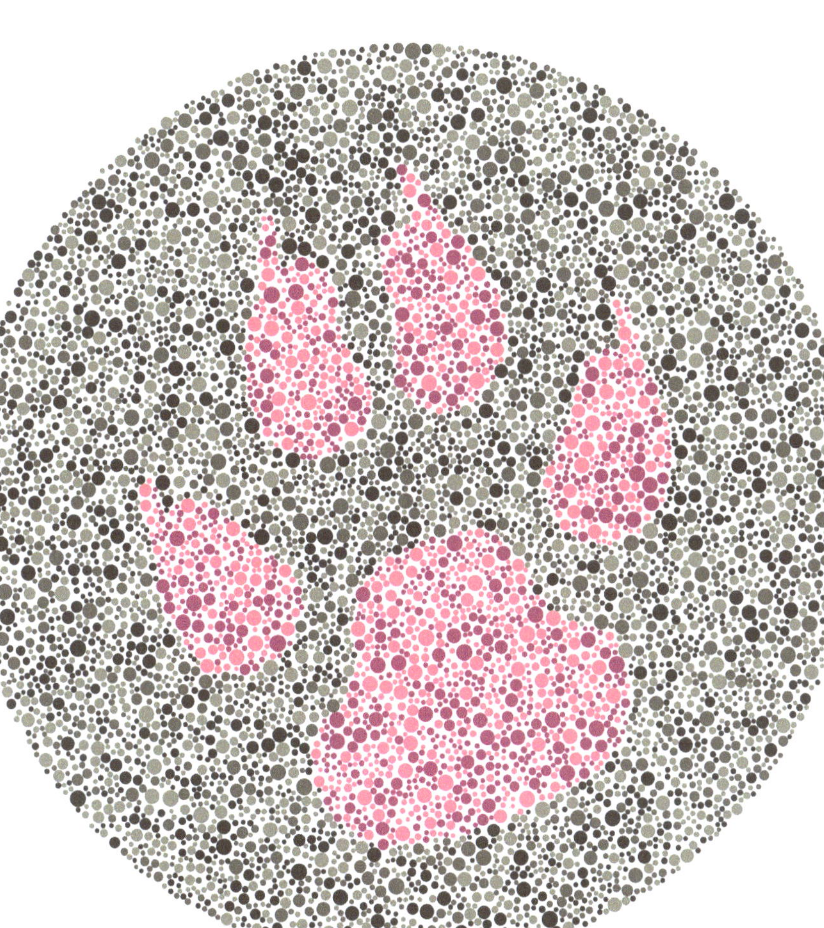

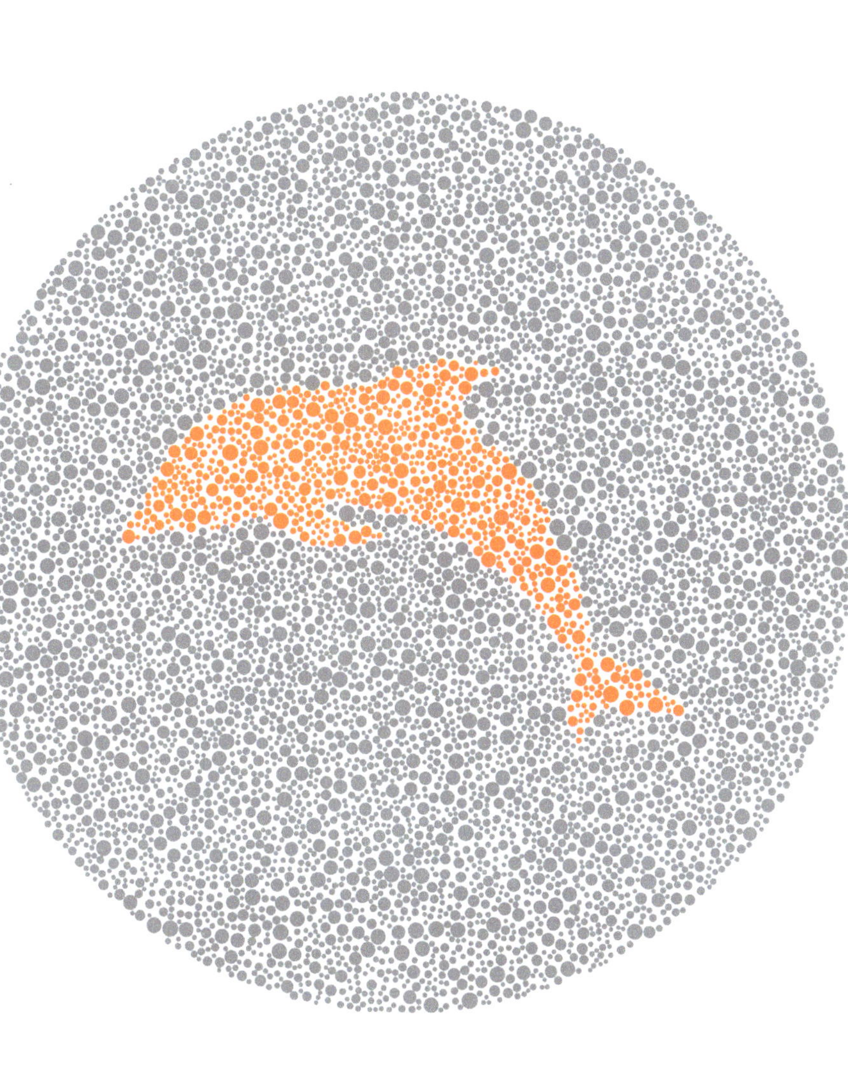

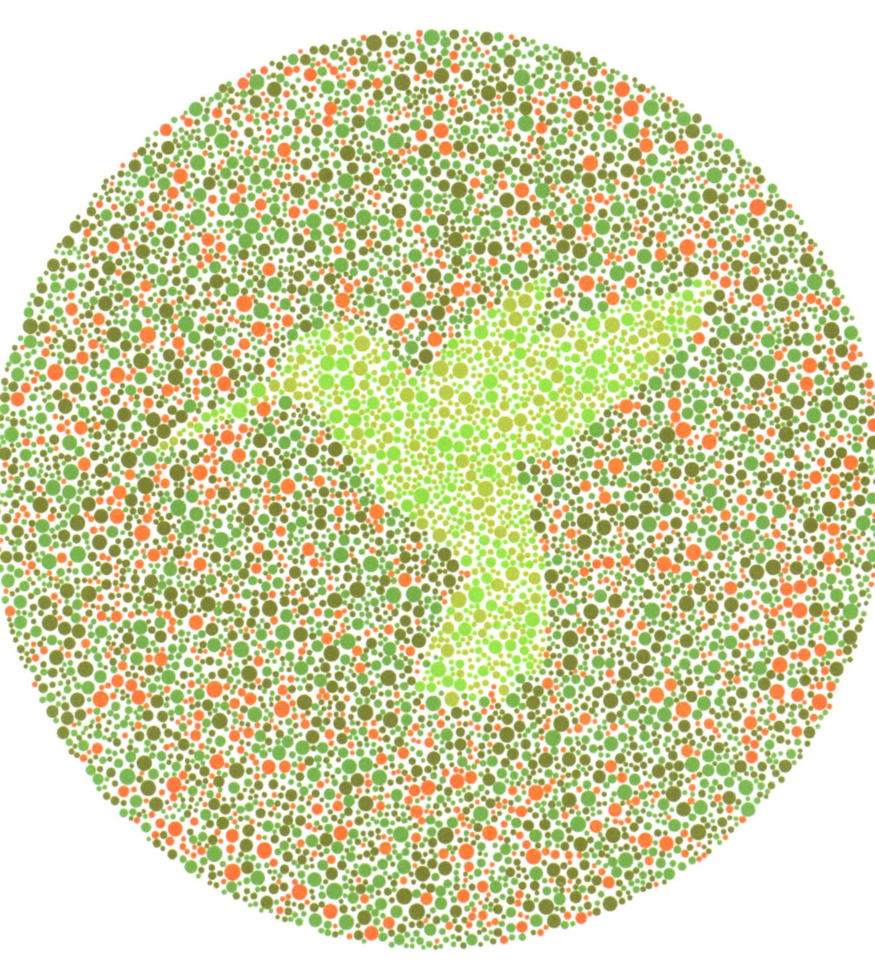

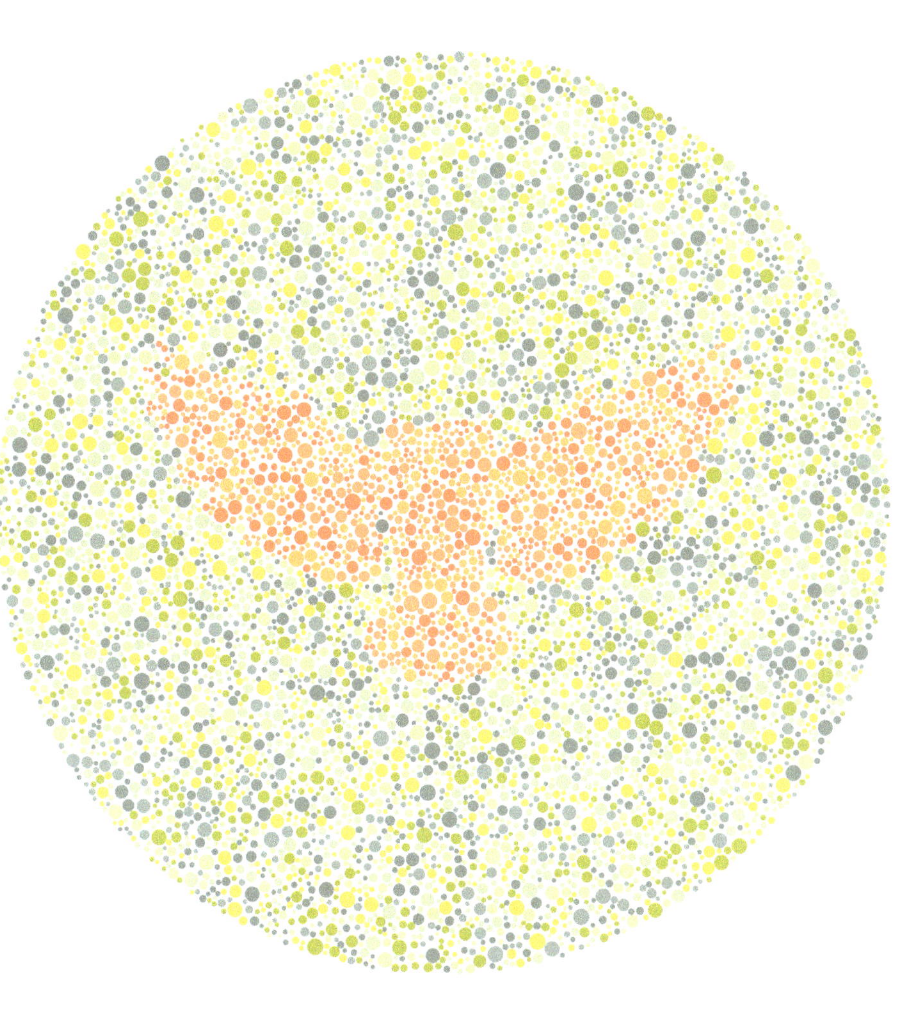

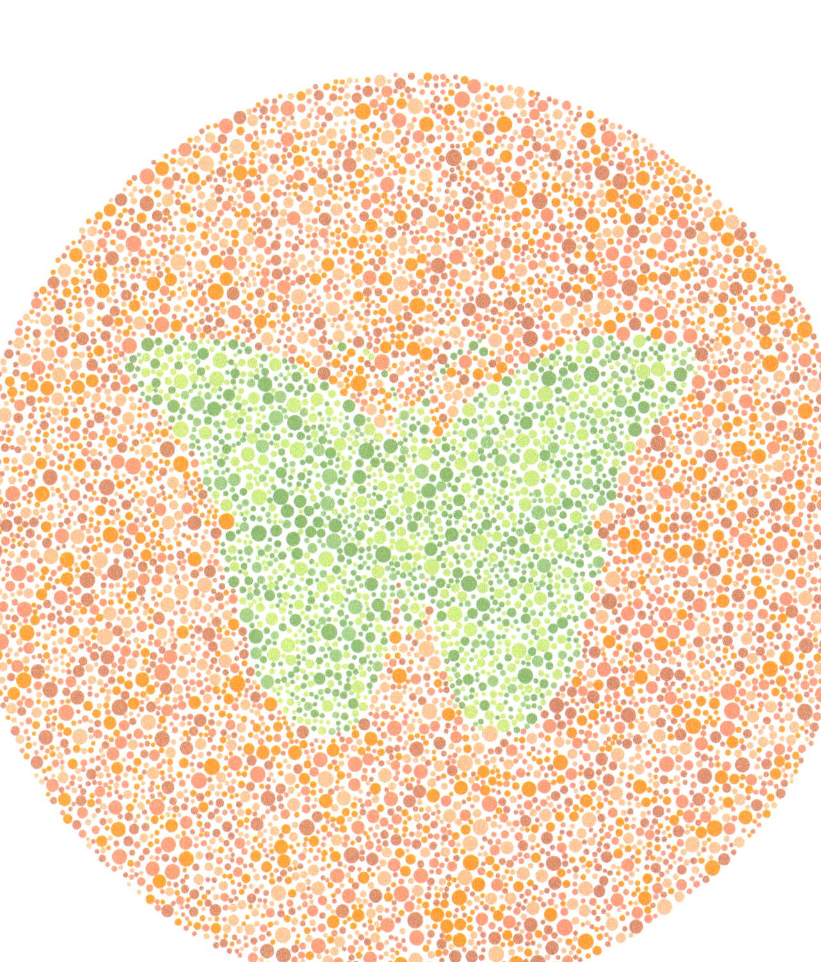

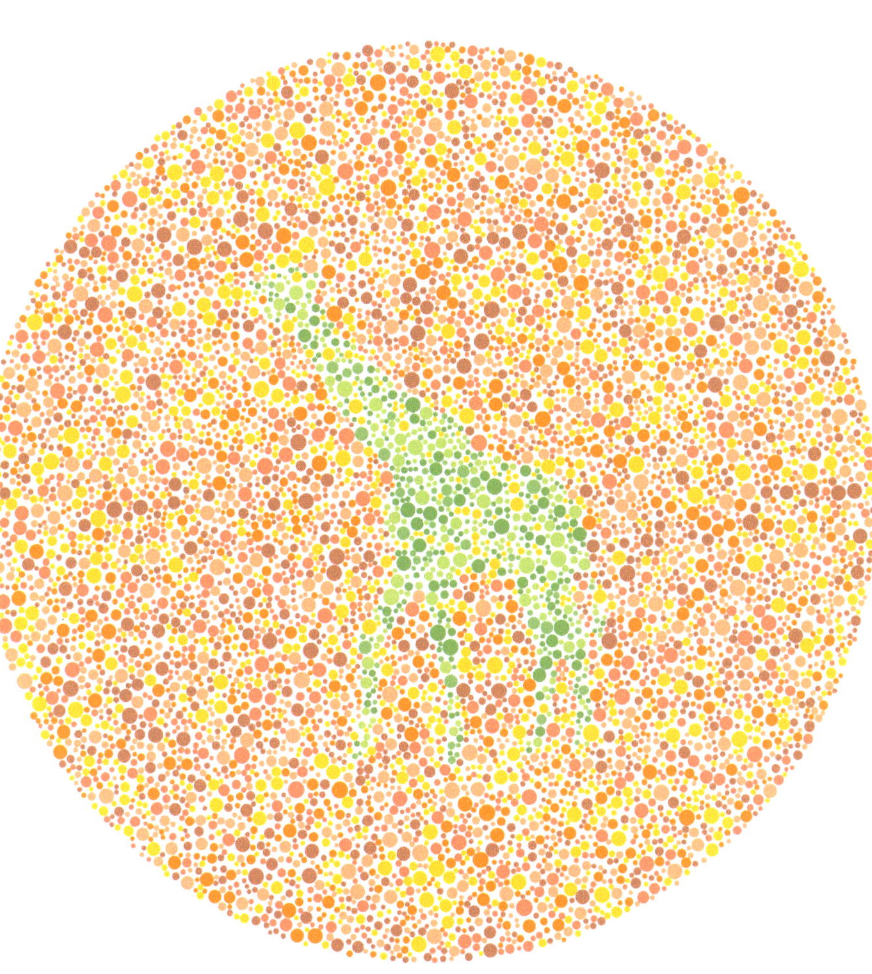

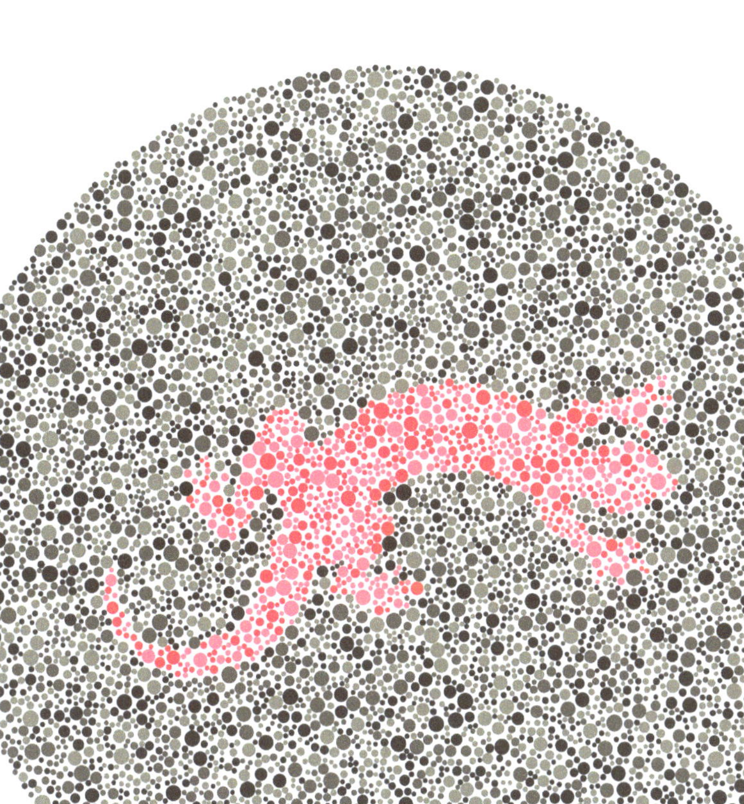

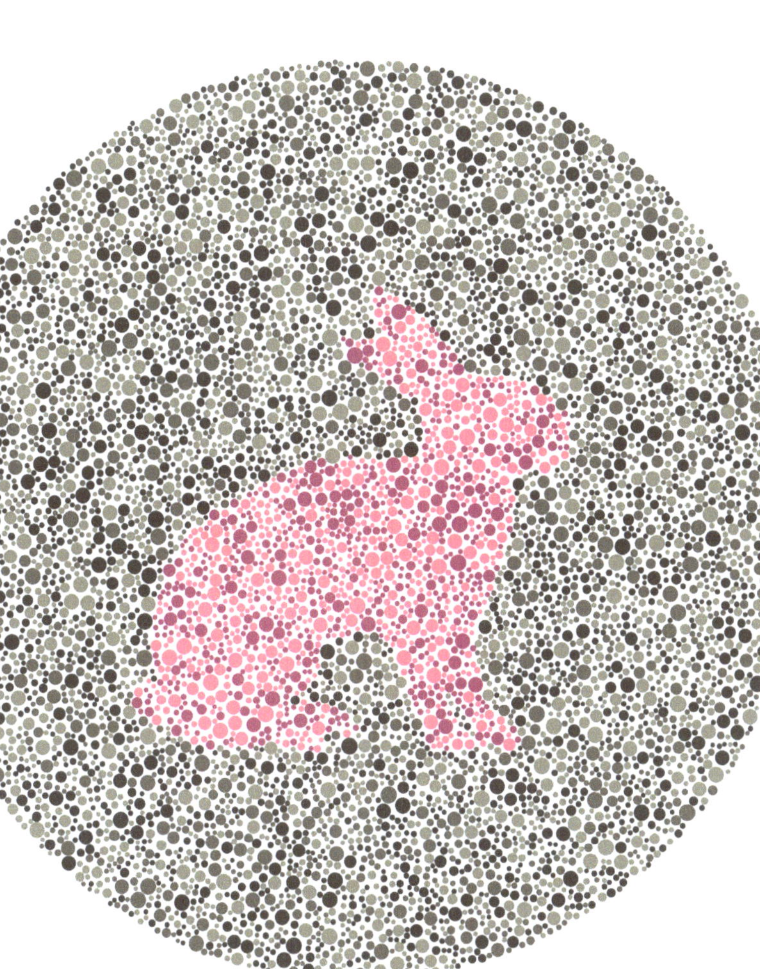

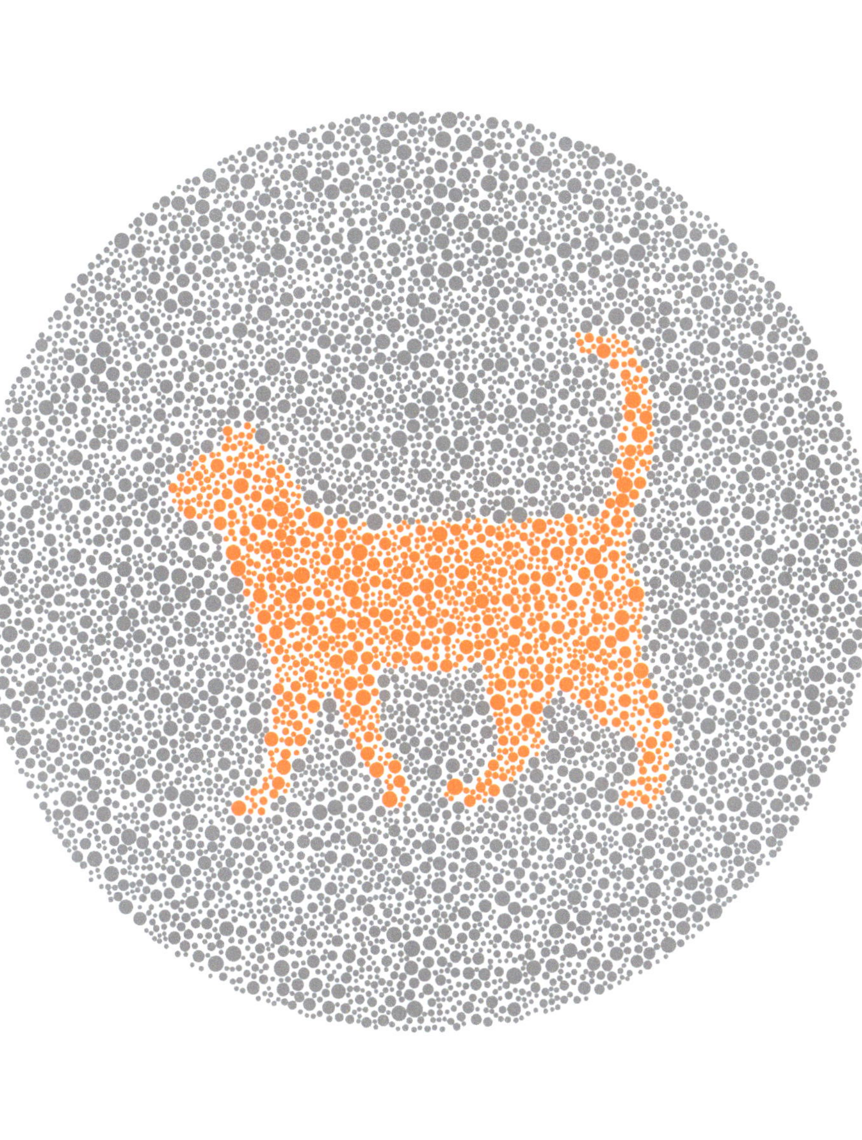

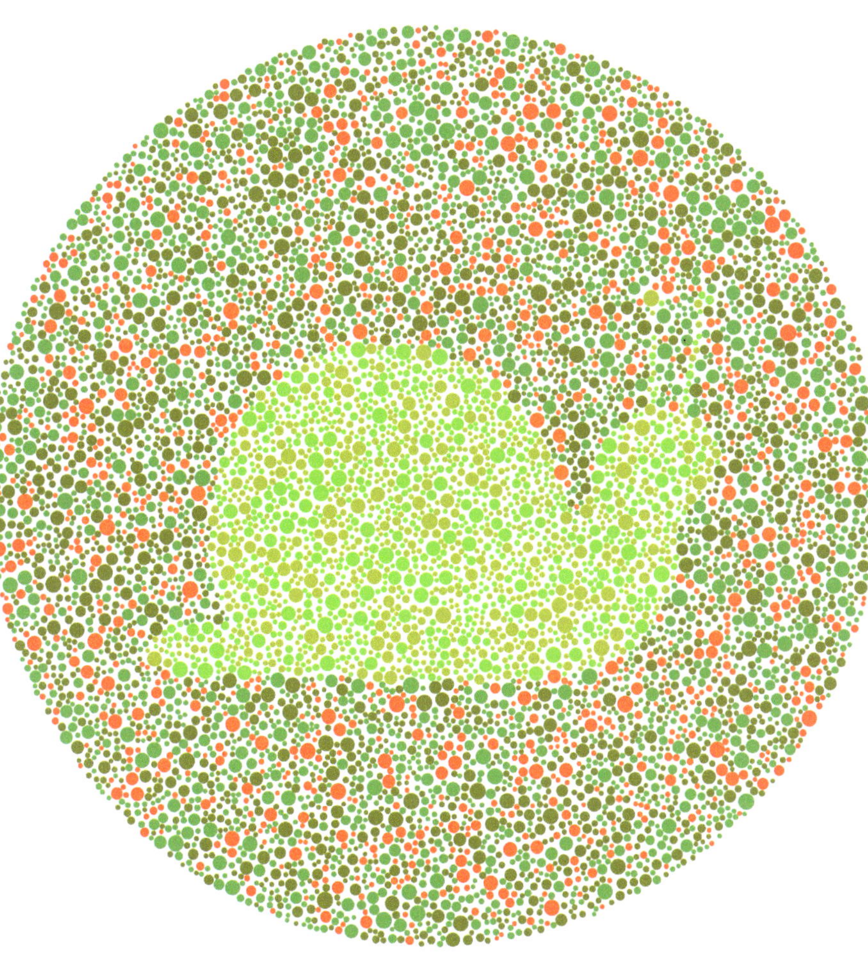

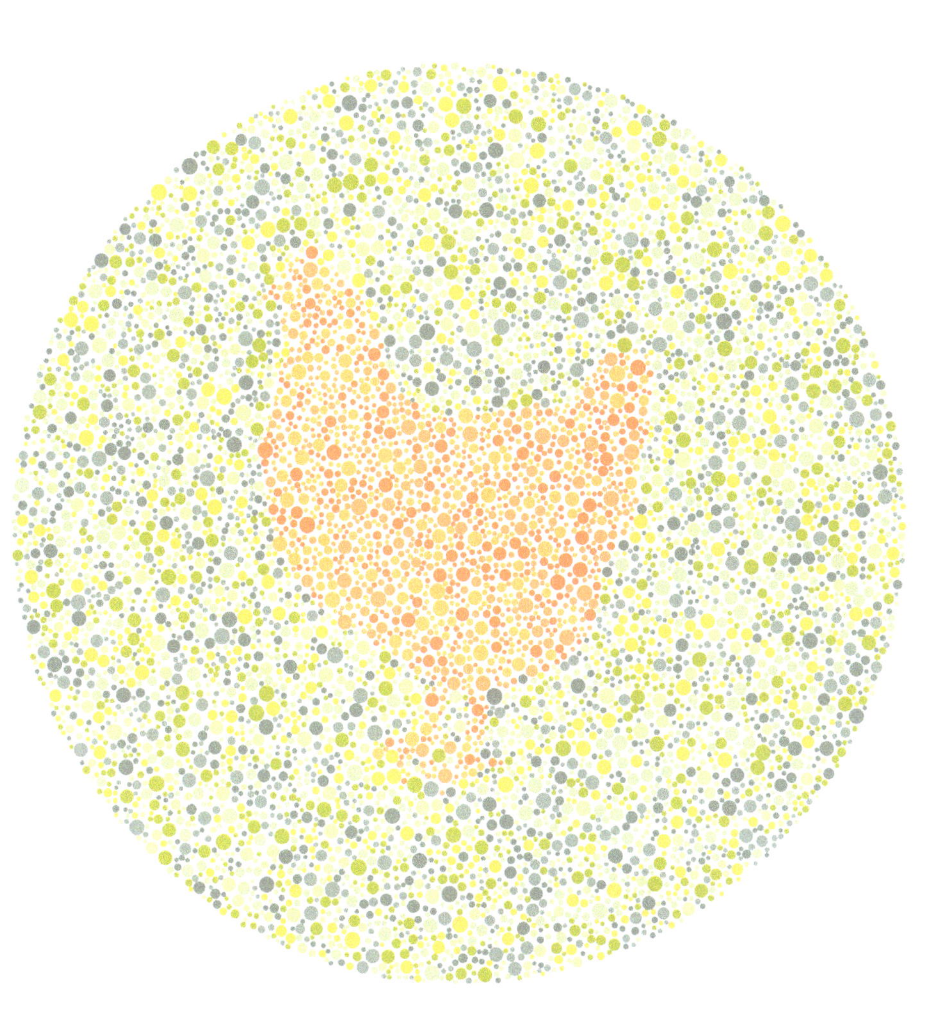